藏羌村落建筑与景观手绘表现

ZANGQIANG CUNLUO JIANZHU YU JINGGUAN SHOUHUI BIAOXIAN

崔勇彬　等　著

东南大学出版社·南京

图书在版编目(CIP)数据

藏羌村落建筑与景观手绘表现 / 崔勇彬等著. —南
京:东南大学出版社,2019.8
ISBN 978-7-5641-8458-2

Ⅰ.①藏… Ⅱ.①崔… Ⅲ.①藏族—村落—民族建筑
—景观设计—绘画技法②羌族—村落—民族建筑—景观设
计—绘画技法 Ⅳ.①TU-092.8②TU986.2

中国版本图书馆 CIP 数据核字(2019)第 124347 号

藏羌村落建筑与景观手绘表现

ZANGQIANG CUNLUO JIANZHU YU JINGGUAN SHOUHUI BIAOXIAN

著　　者：崔勇彬 等
出版发行：东南大学出版社
社　　址：南京市四牌楼 2 号　　邮编：210096
出 版 人：江建中
责任编辑：朱震霞
网　　址：http://www.seupress.com
电子邮箱：press@seupress.com
经　　销：全国各地新华书店
印　　刷：南京工大印务有限公司
开　　本：787 mm×1 092 mm　1/16
印　　张：9.75
字　　数：210 千字
版　　次：2019 年 8 月第 1 版
印　　次：2019 年 8 月第 1 次印刷
书　　号：ISBN 978-7-5641-8458-2
定　　价：63.00 元

本社图书若有印装质量问题,请直接与营销部联系。电话:025-83791830

《藏羌村落建筑与景观手绘表现》

撰 写 人 员

崔勇彬　绵阳师范学院

崔勇利　西南科技大学

丁慕容　四川电子职业技术学院

匡利春　湖南科技学院

彭德娴　绵阳师范学院

程　茜　绵阳师范学院

前　言

　　藏羌文化是中华文化不可或缺的组成部分。藏羌民族在长期的生产生活实践中,结合自身对地理环境、生产生活方式、宗教信仰和审美情趣的理解和感悟,设计建造了一系列具有本民族审美特征的民居建筑。通过走访阿坝藏族羌族自治州和北川羌族自治县等藏羌民族分布区域,笔者观察到藏羌民族建筑集文化、生活、防御、宗教、艺术于一体,达到了建筑功能、空间结构与艺术三者的高度统一,反映了藏羌民族在建筑技术上的智慧和文化传承,对如今的城市建设和现代建筑的室内外装饰艺术都有着重要的借鉴意义。

　　随着城市化进程加剧,国外建筑文化和设计理念强势进入中国建筑市场,对中国民族建筑文化造成了巨大冲击,同时藏羌民族建筑结构与现代建筑有着很大的差异,因此藏羌建筑文化在现代建筑中的应用十分有限,导致了地域文化的多样性和特色逐渐衰落。在此背景下,作者撰写本书,希望能够引起民众对传统民族建筑的重视,使得民族建筑的艺术价值与社会价值得以提升。

　　全书分为九章,以藏羌建筑及景观手绘概述为开篇,以手绘作品欣赏结尾,其间以乡村民居与藏羌村落、手绘工具介绍及表现概述、透视与构图、色彩表现、配景的表现、景观小品、建筑表现为主干体系,以期通过这一序列,读者对藏羌村落建筑与景观及其手绘表现有更为直观的了解。

　　受笔者理论水平和写作经验所限,书中难免有疏漏和不足之处,敬请广大读者不吝指正。

目　　录

第1章　藏羌建筑及景观手绘概述

手绘是设计师传达情感和表达设计理念最直接的设计手段。手绘既是一种表现形式，可以展现设计者的思维，同时手绘表现过程也是设计者构思形成的过程，是设计构思最快速、最直接、最简单的反映方式，也是一种动态的，有思维、有生命的设计语言。手绘图产生的视觉效果带有浓烈的艺术气质和独特的视觉冲击力。

手绘表现与藏羌建筑及景观设计两者是辩证统一的，是形式与思想的统一，同时蕴含于设计过程中。前者可以推动后者的形成，是设计思想形成的催化剂；后者可以完善前者，使表现形式富于实战性，变得准确而完美。藏羌建筑及景观手绘表现是设计者的表达方式，也是设计者表达设计意图的重要手段。通过手绘表现，我们可以将设计中的具体元素提取精炼成具有艺术感的线条、光影、色彩，从而找到更生态地反映人与自然关系的设计构思。

一、藏羌建筑及景观文化

不同地区的文化不同，因而其建筑与景观所表现的文化也不同。不同地区的建筑由于实用性差异，在建造时总会融入自己的地域特色，而区别于其他地区的建筑。历史上羌人久经战乱，所以古藏羌族人的建筑选址是将躲避危险和生存放在第一位，所以我国藏族与羌族大部分生活在海拔较高的地区，复杂的地理环境构成藏羌族自我保护和生存的理想场所，这也形成了今天的藏羌村落多隐于高山的特点。为防御外敌，每个藏羌村寨内部都形成了很强的凝聚力，精诚团结成为藏羌族的民族性格，其民居布局与其民族性格一致，强调整体，群体意识感强。

大部分藏羌村落，均依山而建，沿等高线布局。从外观上看，整体连贯；从内部结构看，每户的房屋也由大大小小房间穿插相连，构成整体。很多羌寨，户与户之间有过街楼相通，过街楼如同"纽带"，将每户有机连接，使全寨呈现出一体化的整体建筑布局，并因此形成多个暗道，平时为羌民沟通提供方便，战时则成为地道，有很好的隐蔽功能，而此建筑对于来袭的敌人却如同迷宫，可以有效地打击敌人。具有明显藏羌特点的村寨有理县的桃坪羌寨、休溪羌寨、增头羌寨。每个藏羌村落的建筑布局都错落有致，与周围的环境相互协调，形成图画般的景观，令人赏心悦目。

藏羌建筑的组织结构及建筑材料受所处环境的影响很大。结构上，主要由住宅、碉楼、住宅与碉楼的共同体、道路、过街楼、水系等组成，最具代表性的是碉楼建筑。建筑材料及形式上，一种是石砌，一种是土夯，还有的则使用当地木材进行搭建，其中以石砌的碉

式建筑居多。在手绘时,我们要注意观察所画的藏羌建筑的材料特点,以及景观中所蕴含的地域特色,抓住其特色来绘画,体会其所蕴含的地域文化,才能使手绘出来的建筑与景观拥有独特的艺术风格。绘制的过程中,要能透过笔尖,通过点与线,构造出文化的面。同时,透过现代美学渲染表现传统文化,使之成为能够广泛推广、延续、传承的民族精髓文化。

二、藏羌建筑及景观手绘意义

对藏羌建筑及景观进行手绘表现这一方式,对内不仅能让学习者从更深远的角度进行分析式的学习,理解为什么要这样画,还可以让学习者更深入地了解藏羌建筑、景观及其文化表现,并通过一些技法的学习表达出藏羌建筑及景观的特点。精练、传神的线条绝不是一朝一夕的功夫,妙笔生辉的藏羌手绘图是长期学习实践和积累的结果,只有掌握方法之后多加练习才能得心应手、水到渠成。手绘是以绘画的形式表现设计构思的应用性绘画,可以培养想象力和创造力。在巩固绘画基础的同时,提高艺术修养和表现技法,对美学规律的掌握和应用也有促进作用。手绘还能通过美的视觉感官刺激,使人更加专注于源于自然、高于自然的生态美,从而提高自身的美学鉴赏能力和个人精神素养。藏羌建筑及景观的手绘表达,不仅可展现藏羌民族特色的表现形式,还可借此更深入地了解藏羌民族历史文化。

第 2 章　乡村民居与藏羌村落

一、乡村民居建筑及景观分类

　　民居建筑是人类最早、最大量并与人类生活最密切相关的建筑类型，也是人类最原始又是可持续发展的一种建筑类型。其分类有很多种方式，比如根据建筑特色来分，可以概略地分为窑洞式民居、干栏式民居、庭院式民居、土楼式民居、江南水乡民居、藏羌传统民居等。还可以根据结构分类，可分为砖混结构民居、砖木结构民居、土木结构民居等。下文以结构分类为基础，进一步了解乡村民居建筑及景观特色，以及对应的手绘表现方式。

1. 砖混结构民居

　　砖混结构是指建筑物中竖向承重结构的墙采用砖或者砌块砌筑，构造柱以及横向承重的梁、楼板、屋面板等，采用钢筋混凝土结构。常见于江南民居、徽州民居、苗族民居等。此类乡村民居的手绘重点在于对建筑构件的理解、砖瓦的表现，以及用色上整体环境的协调与局部的变化。

徽州民居

建筑砖瓦的表现和整体环境的协调

2. 砖木结构民居

砖木结构是指建筑物中竖向承重结构的墙、柱等采用砖或砌块砌筑,楼板、屋架等则采用木结构。常见于怒族民居、土家族民居、陕西民居等。

这类乡村民居的手绘在画法上要十分注重线条运用的正确掌握,以体现材质的"疏密"关系,既要画出精致的部分,也要适当留白,避免繁杂冗赘的重复。

土家族民居

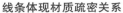

线条体现材质疏密关系

3. 土木结构民居

土木结构民居的建造材料主要有竹子、木材、夯土、稻草、干草、土坯砖和瓦等。常见于藏族民居、纳西民居、陕西民居等。

土木结构乡村民居的手绘通常需要靠材质纹理的表现来突出其年代、地理环境、结构的特点，通常其生活气息浓厚，故而画面中生活用具的表现也十分重要。

窑洞民居

土木结构的乡村民居

二、乡村民居建筑及景观特点

1. 依山傍水融自然

智慧的劳动人民自古以来就懂得享受生活，居住之处必依山傍水，水碧天蓝。不管其风格如何，乡村民居都能反映出因地而建、因势而成的鲜明特点，更体现了"天人合一"的哲学观念。以湘西苗寨吊脚楼最为典型，其多建于倾斜度较大的山腰上，上层楼面伸出下层屋基一米多，悬空部分为走廊，布置有栏杆，整个建筑显得轻巧和空灵；且吊脚楼多在溪旁高坎之上，或在竹木掩映之间，颇具野趣无拘之情趣，兼有秀丽雅静之风味。乡村民居讲究风水，生态环境优美，从建筑中可体会当地人的生活习惯、审美文化、传统哲学观念等，有助于我们对民族文化的了解。

在手绘表现乡村民居建筑及景观时，要注意水面的处理，采用整体色调的对比和虚实对比等，体现出景观本身的远近关系。如下图中，远处的建筑虽然只是寥寥几笔，但却体现出了景观本身的远近关系,更好地把握了设计的尺度比例。同时还需要注意形成画面的动态感,比如右下图中的船只,体现了水面的动态,加上植物和建筑的映衬,呈现出了一幅"船头独立望长空,日艳波光逼人眼"的画面。

远近建筑物的比例尺度　　　　　　　　　水面、船只的组合

2. 多元之态展民风

我国幅员辽阔,承载了多元化的文化习俗。民居、民俗等是传统文化的重要组成部分,不同地方民居展现了不同的民俗文化。比如以北京"四合院"为代表的北方民居建筑不仅考虑了一年四季的变化,而且还兼容了中原古代和近代的文化内涵。这种流行在东北以及北京、河北、山东等一些北方地区的"四合院",从院落大门设置的方位与第一进院落的设计,便可看出备受儒家文化的熏陶。

不同的民居文化元素有着不同的表现形式,在手绘中应注意细节刻画、特征掌握,比如下图"木草堆"中的木堆、草堆就展现了整个画面的特色,通过着重刻画两者的关系来体现乡村民俗风情;而"竹木结构"就表现了南方民居的特色,掌握疏密关系、把握虚实对比是表现竹木结构的关键,同时竹篓、板凳等配景的刻画也很重要。

3. 异彩纷呈显独特

乡村美景中包含了各具自身特色的色彩。东北的民居"永远"是白色的,加上木色围栏与红墙、黑土地;内蒙古大草原里,点缀的是白蓝相间的蒙古包;中原大地上,黄河母亲留下的是一簇簇灰黄灰黄的民居院落;江南水乡,白墙黑瓦、青砖黑瓦是主色调;还有大西南的深色寨子、黄土高原的黄窑洞、青藏高原的灰白村落,不同的色彩展示不同的文化风俗。比如徽州人喜欢平安宁静的生活,这在很大程度上影响了人们的色彩观念,因此民居普遍采用彩度偏低而色调中性的混合色,从白到灰再到黑的无彩色正好迎合人们的心理需求。

木草堆　　　　　　　　　　竹木结构

青黛色的砖瓦、灰色调的青石、精致的马头墙,还原了建材的原始本色,没有太多的人为加工,简单自然而又纯粹。

在手绘表现中,需要正确运用马克笔或彩铅,以色彩心理学和配色设计为理论基础,搭配出各地民居特色的异彩纷呈。下图中黄色的房屋和红色的三轮车,以及蓝色的地面,用基础的三原色形成视觉冲击。此外色彩运用的同时也要注意光影和留白的问题,以体现建筑的体积感。如下图"雪堆的阴影"利用雪堆产生的阴影体现积雪,又用建筑的阴影和色彩的留白刻画表现雪的体积感。

民居的色彩搭配　　　　　　　　　　雪堆的阴影

三、藏羌村落传统民居

1. 藏羌村落传统民居建筑材料

羌族以其独特而精湛的建筑艺术著称于世,其中以碉楼、石砌砖房、索桥和栈道最为有名。房屋建筑材料大都就地取材,一般采用块石、片石和木材,这与羌族所处的自然环境有密切关系。

块 石

片 石

吉娜羌寨民居

木材手绘表现

　　藏族最具代表性的民居是碉房。碉房多为石木结构,风格古朴粗犷,房屋平顶多窗,造型及色泽质朴,具有浓厚的民族特色。

阿坝州藏式碉房民居

民居手绘表现

2. 藏羌村落传统民居手绘表现

羌族和藏族在历史上有很深的族源关系,现代的藏族和羌族都起源于几千年前的古羌族,他们的语言同属于汉藏语系的藏缅语族,在历史上可谓"近亲"。羌族和藏族作为民族实体或族群,在中华民族多元一体格局的形成过程中进行了宗教和文化的对话、交流与融合,并在宗教和谐共处的互动关系中达成彼此的认同,从而形成你中有我、我中有你,而又各具个性的多元一体的紧密关系。

羌族建筑手绘表现

藏族建筑手绘表现

3. 藏羌村落传统民居特有建筑元素和构件

藏羌传统民居与其他常见的乡村民居建筑相比，更具有自己鲜明的民族特色。藏羌传统民居受民族信仰的影响非常大，其特有的建筑元素和构件如下。

（1）经幡。藏羌民居的周围或道路两边都插满了五彩经幡，这是源于他们对佛教的信仰，意在祈求福运隆昌，消灾灭殃。

经 幡 　　　　　　　　　　　藏建筑手绘表现中的经幡

（2）白石。白石是源于藏羌人民对白石神的信仰。不少藏羌民居的门上、石檐、女儿墙角都堆放白石，不仅使屋顶外观的轮廓线起伏有致，而且使片石砌成的灰墙增加了雪白耀眼的点睛之笔，打破了灰色的沉闷。

（3）雨搭。雨搭是最体现藏式门窗特色的经典形式，其位置在外墙的门窗之上，主要是遮挡雨水及装饰作用。

（4）斗窗。斗窗在藏羌民居中十分常见，其室外开口小，室内开口大。斗窗的特点是保暖性强、坚固实用。

（5）外侧窗。几个外侧窗五彩夺目的雨搭与窗侧的白灰图案连成一片，构成了外立面极其丰富的视觉效果，是藏羌民居外立面主要的装饰，由下图阿坝州确尔基寺藏建筑立面图可见。

（6）吉祥图案。藏族的传统民居建筑上经常画着各式各样的吉祥图案，是构成民居建筑装饰的主要内容。藏族吉祥符号有着久远的历史和深厚的人文艺术价值。在藏区各个寺院或民居家庭的墙壁上，常有如"吉祥八宝""和睦四瑞图"等壁画与唐卡。吉祥八宝由宝伞、金鱼、宝瓶、莲花、右旋海螺、法轮、吉祥结、胜利幢所组成。这些吉祥图案用物化的形式进行外在表现，蕴藏着藏族民族深层的审美情趣和祈福观念，饱含寓意，象征着佛的身、语、意之功德，也代表所化之福德、权势和荣誉等，体现出对宗教的崇拜与对自然的敬畏，以及对美好生活的期盼。

阿坝州确尔基寺藏建筑正立面　　　　　　　阿坝州确尔基寺藏建筑侧立面

阿坝州确尔基寺藏建筑装饰效果

　　（7）门神。除了白石神，羌族人民还崇拜一些被认为与生产和生活相关的神灵，如火神、地界神、六畜神、门神、水缸神、仓神、碉堡神、石匠神、铁匠神等。羌民家门口常会挂一些门神，信奉门神能够镇宅驱邪，以使妖魔鬼怪不敢侵犯民宅。

　　对羌族民居壁挂的门神进行手绘刻画时，首先要注意抓住其主要特征，例如大眼睛、大鼻子等夸张的五官;其次要注意其面部表情特征,例如愤怒表情、憨厚神态;再次运用合理表现手法,充分体现材质特点,例如木质材质的特征表现,应依据木质纹理调整用笔方向。门神特有的纸花装饰,既美观又具有独特特征,表现时一定要注意主次关系的调整。

平武羌建筑上的门神　　　　　　　　　　　　　门神手绘表现

　　(8)羊图腾。古羌族以牧羊为生,并贯穿了羌族的整个历史。伴随着羌族部落的兴起、种族昌盛以及羌族社会制度的建立,羌族人将羊化作羌族的氏族符号与象征,逐步演变出了独特的崇拜意象——羊图腾崇拜。羊图腾也融入了羌族建筑中,羌寨门上都会挂着巨大的羊头骨制品,配以红色绸缎,羌楼的窗户上也会装有带有羊头形象的窗雕等,寓意羌族人民得到羊神的庇佑。

　　对于羊图腾进行手绘刻画时,首先要注意比例关系,特别是羊角与羊头骨的比例关系,可以使用测量法进行比较处理。其次要注意明暗关系处理,受光、背光面充分体现,对于背光面的一点进行准确刻画,表现出结构、棱角。最后,统一羊角与羊头骨明暗关系处理,使画面整体统一。

平武羌寨入口　　　　　　　　　　　　　　羌寨入口手绘表现

4. 藏羌村落民居独特的地理环境

我国藏族与羌族居民大部分生活在海拔较高的地区，例如四川阿坝藏族羌族自治州地处川西北高原，境内高山环绕、峰峦重叠、谷坡陡峭，为高山峡谷地带。境内东北部处于龙门山断裂带，地震比较频繁，其特殊的地理位置，导致该地区藏羌民居与其他常见的民居环境风格存在较大差异。

阿坝州群山环抱的藏族村落民居

阿坝州壤塘优美的自然环境　　　　　　　　藏族白塔

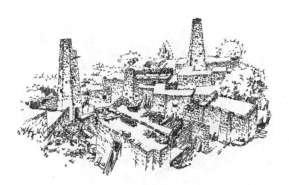

乡村民居手绘表现

第3章 手绘工具介绍及表现概述

一、手绘的概念

手绘是应用于各个行业的手工绘制图案的技术手法。设计类手绘主要包括前期构思设计方案的研究型手绘和设计成果部分的表现型手绘;前期部分被称为草图,成果部分被称为表现图或者效果图。手绘与我们的现代生活密不可分,建筑、服装、插画、动漫等手绘的形式分门别类,各具专业性,对建筑师、景观师、艺术设计人员等设计绘图相关职业的人来说,手绘设计的学习是一个贯穿职业生涯始终的过程,手绘对现代社会设计美学的传承有着不可取代的现实意义。

二、手绘工具和材料

1. 纸张类型

(1)打印纸。打印纸表面平整光滑、无肌理、附着力强,纸面呈半透明状,吸水性能较弱,易表现干画法,成本低廉,便于初学者练习作画。

(2)素描速写纸。素描速写纸吸墨快,多用于钢笔画练习和绘制作品,装订成册,携带方便,纸面不光滑,吸水能力强,宜表现干湿结合的画法,适合写生携带。

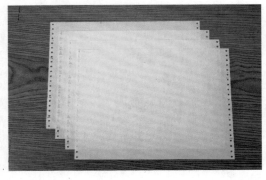

打印纸

素描速写本

(3)硫酸纸。硫酸纸表面光滑,耐水性差,沾水则皱,质地透明,易复写。色彩可在纸张正反面互涂,以达到特殊的效果。宜用油性马克笔上色。

(4) 卡纸。卡纸比打印纸的质地好,密度高,表面平滑,吸墨能力强,不适合叠加线条作画方式。

硫酸纸　　　　　　　　　　　　　　　彩色卡纸

2. 笔类工具

在作画过程中,不能僵化地只限于使用钢笔,要根据作画的整体效果需要及个人偏好与习惯适当选用蘸水笔、针管笔、铅笔、彩色铅笔、毛笔以及带色的墨水等,或者多种笔种混合作画,同时也可以用一些辅助工具来表现不同的画面效果。

(1) 铅笔。对手绘初学者而言,可先用铅笔勾勒草图,确定大概的形体。一般选用较硬的铅笔,这类铅笔画出来的线条细腻,便于接下来的钢笔作画和擦拭。

(2) 针管笔。针管笔可画出精确且具有相同宽度的线条。针管笔管径有 0.1～1.2 mm 的各种规格。在山水风景手绘时至少应该备有细、中、粗三种不同粗细的针管笔。

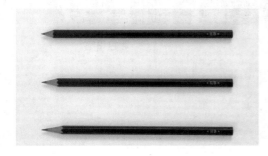　　

铅　笔　　　　　　　　　　　　　　　针管笔

(3) 钢笔。钢笔是人们普遍使用的书写工具,也是钢笔画最基本的作画工具。钢笔画出的线条均匀、流利,适合勾画边缘的轮廓等要求比例严谨的部分。

(4) 签字笔。签字笔价格便宜,同为水性笔,特殊情况下可用作钢笔的代用品,但是就作图效果而言,还是有很多局限性。

钢　笔　　　　　　　　　　　　　　　　签字笔

（5）高光笔。高光笔是提高画面局部亮度的好工具，在描绘水纹时尤为重要，适度地给以高光会使水纹生动逼真；除此之外还在手绘中适用于表现玻璃、塑料、金属、木材、陶瓷等材料。

（6）马克笔。常用的马克笔类型有水性马克笔、油性马克笔、酒精性马克笔三种；常用的马克笔品牌有 Touch、Sanford、AD marker、Finecolour 等。

（7）彩色铅笔。彩色铅笔类似于普通铅笔，是一种非常容易掌控的涂色工具，主要有水溶性彩色铅笔（可溶于水）和不溶性彩色铅笔（不能溶于水）两种。

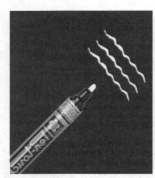

高光笔　　　　　　　　　　马克笔　　　　　　　　　　彩色铅笔

三、线条的训练

1. 钢笔画线条练习

钢笔画线条的特征是统一粗细或略有变化、深浅一致；作画时使用线条叠加组合，以表现景观环境的形体轮廓、空间层次、光影变化和材料质感。画好一幅钢笔画要做到以下几点：① 钢笔线条美观、流畅；② 线条组合要巧妙，善于对景物做取舍和概括；③ 线条布局要有设计感；④ "直"不代表一定要像尺规画出的线条一样，只需视觉上感觉相对直即可；⑤ 画直线要干脆利落而富有力度，运笔放松，一次一条线，切忌分小段往返描绘；

⑥ 过长的线可断开,分段再画;⑦ 宁可局部小弯,但求整体大直。

线条的画法

画直线时一次一条线 分段线的画法 直线可局部小弯,整体大直

2. 常用的几种排线方法

(1) 平行线的排列。组成线条笔触自身表现力的基本方式,有垂直、水平、倾斜等多种排布形式,要注意排线时的轻、重、缓、急,两头重中间轻,明确线应该画到何处,要有起笔、运笔、收笔的过程。可经常练习等距线的组合。

平行线布局形式

(2) 波状曲线的排列。排线时要注意笔调变化的规律,波状曲线排线具有较强的动感和节奏感,视觉效果强烈,适合刻画木头的纹理和水的涟漪。

(3) 交错线条的排列。线条的叠加强化了粗糙表面质感,加深明度关系;交叉线的排列方向暗示了形体表面的起伏和转折。

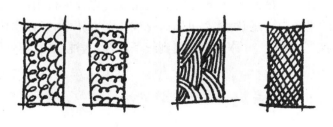

波状曲线布局形式　　　交错线条布局形式

3. 不同线条在表达中的应用

（1）软线条的画法与运用。表现物体的质感靠对运笔的控制来达到。软线条运笔转折圆柔，细而快，线条排列疏松，表示质地柔软，常用于植物等质地柔软物体的刻画。

软线条的画法及其刻画的植物

（2）硬线条的画法与运用。硬线条运笔平稳快速，线条光洁，排列整齐，常用于表现坚硬质地，如用于石材等硬质材质的刻画。

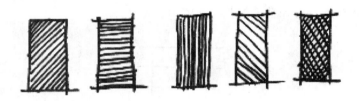

硬线条表现

四、体块、线条表现明暗关系

1. 单体块与光影

单体块阴影训练从方体开始，根据不同光线角度的选择进行阴影处理表现体积感，从暗到明绘制。在效果图中，任何物体都可以简化成一个方体，画好方体是效果图作图的基础，涵盖线和面的综合训练。方体训练应达到线条流畅、透视准确、视觉效果好等。

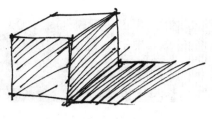

单体块手绘图

2. 组合体与光影

在单体的练习之后，我们应该进行组合体的练习。组合体的练习是单体练习的总和，在画组合体练习时需注意组合阴影的覆盖和透视的原理。

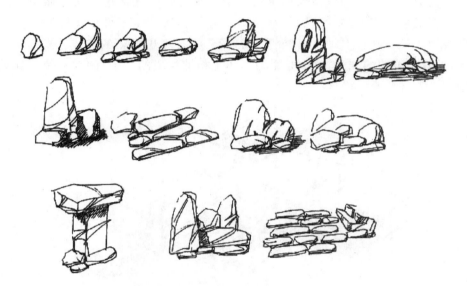

石块组合手绘图

3. 线条疏密产生的明暗关系

明暗表现是构图布局中的重要因素之一，表达出最深的暗调子至最淡的明调子之间的各种明暗层次。依靠线条的重叠产生的疏密变化能产生多层次的灰色调，从而获得画面的变化与均衡，产生节奏韵律感。

线条重叠产生的明暗效果

4. 体块与线条组合表现光影

　　光影构成的形态训练应从认识和运用规则几何形体开始,逐步掌握光影的生成规律。立体构成相对于二维造型增加了第三个维度:高度,伴随这一向度而来的是视角及光影等的变化。成语"立竿见影"从字面上理解其实就是三维形体区别于二维形态的主要表现,在绘画中,不仅要把"竿"做得漂亮,更要考虑"影"的形成。光影虽是形体的衍生,但具有鲜明的独立特征,光影与形体是相辅相成的,"影"的存在使形体更加丰富和饱满。

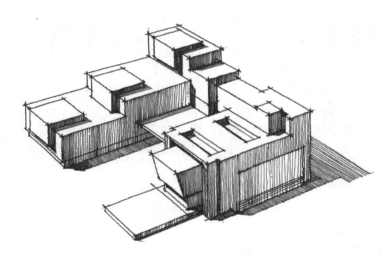

建筑体明暗表现

五、线稿综合练习

1. 建筑线稿示例

建筑场景手绘 1

建筑场景手绘 2

建筑场景手绘 3

2. 景观线稿示例

景观手绘 1

景观手绘 2

景观手绘 3

景观手绘 4

第 4 章　透视与构图

一、透视训练

透视是园林景观表现中最重要的基础,它直接影响到整个空间表现的尺寸比例及纵深感。无论你的表现力有多么高超,如果在透视方面出了差错,那么所有的描绘都是毫无意义的。所以我们要对透视有充分的了解并熟练运用,用几何投影的科学方法,较为真实地反映特定的环境空间,给人以视觉上的平衡和舒适感。

在园林景观中,由于空间场景较大,透视显得较抽象,难以把握,设计的内容也就不容易表现。因此需要我们利用一点透视、两点透视等把这些很抽象的平面,用很直观、逼真的效果图表现出来。

1．一点透视

当形体主要面的水平线平行于画面,而其他面的竖线垂直于画面,斜线消失在一个点上所形成的透视称为一点透视。一点透视比较适合表现纵深感的大场面,但它的缺点是呆板不够活泼。表现一点透视要注意视平线和灭点。

一点透视表现技巧可概括为:横平竖直,一点消失。也就是所有横向的线都与画面平行,所有竖向的线都与画面垂直。

一点透视的基本原理是:所观察的立方体中,有一个竖直面是平行于画面的,观者眼中这个面不会发生透视变形,其余各面沿透视线消失于灭点。

一点透视的具体画法:首先画出方形,确定水平线和灭点,然后连接靠灭点一侧正方形各端点与灭点;其次,任意画出画面垂直线,最后连接各透视线。整个过程应遵循横平竖直的规则。

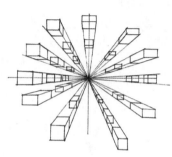

一点透视图

2. 两点透视

两点透视又称成角透视,是指当立方体中铅垂线与画面平行时所形成的透视。两点透视的画面效果自由丰富,活泼生动,接近人的直观感受,但不易掌控,表现的空间界面少,视野狭小。

两点透视的基本原理是:所观察的立方体中各铅垂线与画面平行,观者眼中正视的这条铅垂线不会发生透视变形,立方体各面皆沿不同透视方向消失于两个灭点。

两点透视的画法:首先画出一条铅垂线,确定水平线和两个灭点,铅垂线在两个灭点之间。然后,选取铅垂线线段端点,把垂直线段的两个端点分别连接至左右两边的灭点,估算左右两边的距离,再分别画出两条垂直线段,线段两个端点也分别连接左右两边的灭点。

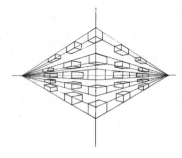

两点透视图

3. 三点透视

三点透视又称"斜角透视",立方体的三条主向轮廓线均与画面成一角度,这样三组线在画面上就形成了三个灭点。在两点透视的基础上,所有垂直于地平线的纵线延伸线都聚集在一起,形成第三个灭点,这种透视关系就是三点透视。三点透视可表现建筑物高大的纵深感觉,更具夸张性和戏剧性,但如果角度和距离选择不当,会产生失真变形。三点透视可用于表现高层建筑透视,也可用于俯瞰图或仰视图。

三点透视的作图方式,可在两点透视作图的基础上保持两点透视中两个灭点不变,再在视平线的上端或下端增加一个灭点,使在两点透视中立方体的各垂直线皆消失于第三个灭点,变为在三点透视中消失在第三个灭点的倾斜线。第三个灭点在视平线的上端时为仰视图,在视平线的下端时则为俯视图。

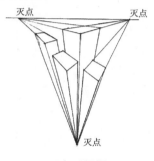

三点透视图

二、构图训练

1. 取景

　　取景是构图表现的基础,建筑手绘图是否饱满往往取决于取景的范围,而取景的长宽比要适应建筑物的体型和形象特征。建筑物高耸多竖向取景,建筑物扁平多横向取景。如需表现建筑物细部或放大某一局部,则不一定表示全貌;如需表现环境空间的开阔、深远和丰富时,建筑物可小一点,但需要有适当的配景做陪衬。

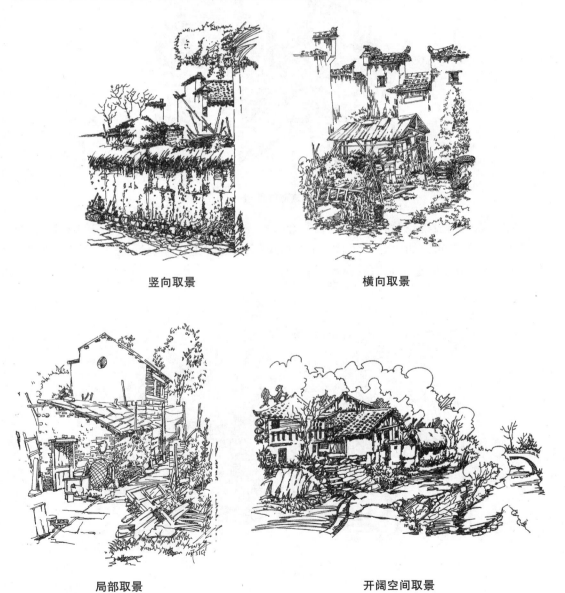

竖向取景　　　　　　　　　　　　横向取景

局部取景　　　　　　　　　　　　开阔空间取景

建筑物在画面中的大小、位置需适中,四周适当留空,务求画面舒展开朗。如建筑物充塞于画面则显得闭塞、拥挤和压抑。

建筑形体取景

在取景中一般视点总是天空留白多地面留白少,除非是鸟瞰图、地势高的建筑、建筑物前的地面有较丰富的内容。同时一定要避免等分现象,避免重复性,避免不同距离的形体在画面上的相切,追求画面的稳定感、均衡性。

建筑取景效果

有时为了强调进深尺度和空间效果,在取景时还要选择一个有贯通性、比较突出的内容,比如:道路、水流等,通过这条线索来引导视觉,增强画面空间的进深感。

贯通性内容元素的选取

在取景中突出画面重点是重中之重,虽然绘画在形的构图上与照相有相似之处,但它又不同于照相,照相中景物不分主次,不分明暗,不分粗细,而绘画则可以加以提炼,予以取舍,突出重点。

手绘取景中突出重点的手法有以下几种。

① 重点应在画面中居显要地位,一般置于近画面中心位置。

② 聚敛线的引向和聚点所在,即引向建筑物入口道路、成行的树木等透视灭点所在,即为重点。

③ 增强明暗效果,运用明暗对比;重点偏暗非重点偏亮,或者重点偏亮非重点偏暗。

④ 重点处细致刻画,非重点处逐渐放松省略,由实到虚。

⑤ 重点处可用对比色,非重点处转用调和色。

2.　比例

构图的比例是构图表现的重点之一,如何运用比例关系达到画面效果的均衡稳定是关键。

(1) 上下比例关系。若画面上部的虚和下部的实,各占一半,分界线又过于平直,建筑物刚巧落在横向的二等分线上,则画面有上下脱节之感。

(2) 左右比例关系。手绘中通常将多数近景安排在一侧,略微加大近景一侧体量的表现,突出对近景的描述,但对近景一侧的预留空间需小。非重点一侧通过透视、大空间表现和阴影来平衡视觉感受。体量感大的物体布局上靠近均衡中心,体量感小的物体则离均衡中心较远,二者轻重虽不等,但因位置远近的不同而取得均衡,同时也要注意上下比例关系的呼应。

产生脱节感的上下比例关系　　　　　　　　　　左右比例关系的处理

3. 对比

在画面中经常使用对比的方式达到画面"不对称的均衡"和突出重点的效果。组织和调配画面的节奏关系常用的对比手法有以下几种。

（1）明暗对比。为表现重点，可重点处偏暗非重点处偏亮，或重点处偏亮非重点处偏暗。在淡调子的画面上可采用一小块深色和一大片灰色保持均衡，在深调子画面上可采用一点亮色和一大片深色保持均衡。

（2）虚实对比。在画面上一小块明确结实的东西可以与一大块虚浮淡弱的东西相均衡。体量大的建筑物处理较"虚"，不强调细部，明暗变化也平淡。体量小的建筑物明暗对应强烈，细部鲜明，且有深背景的衬托，达到均衡效果。同时也可突出重点，重点处实，非重点处虚。

明暗对比表现　　　　　　　　　　　　　　虚实对比表现

第5章　色彩表现

一、色彩的基础知识

1. 色彩的三种类型

色彩的种类纷繁复杂,为了便于表现和应用,通常将色彩概括性地分为三类:无彩色、有彩色和特别色。

无彩色:无彩色的颜色指的是黑色、白色和各种灰色。无彩色的颜色只有明度的变化,把所有无彩色的颜色概括起来有白、亮灰、浅灰、亮中灰、中灰、灰、暗灰、黑灰、黑九个颜色。

有彩色:除了黑、白、灰之外的所有颜色都可以称为有彩色。有彩色系都具有色相、纯度和明度三个特性,有彩色包括色相环上红、橙、黄、绿、青、蓝、紫以及由它们混合所得的颜色。

特别色:不属于上述两类之一的色彩种类称为特别色。特别色包括金色、银色和荧光色,使用时视觉效果与上述两类不同,具有特殊性。特别色的提出是为了适应现代设计和印刷的需要,以便用来丰富设计师的表现方法和设计物的视觉效果。

2. 色彩的特性

色彩的相对性:色彩没有绝对值,必须排除对色彩概念化的认定。任何一种颜色都是相对的,只能在与其他颜色的比较中,相对确定其具体性。色彩的相对性,在灰色领域更加明显。所以我们学习色彩,主要是区分灰色,对灰色的感受能力决定了对色彩的掌握程度。

色彩的个体性:不同的人会有不同的色彩感受,形成不同的色调。个性化的色彩最直观的体现就是画面的色调,色彩的无限表现就是建立在色彩的个体性基础上的。所以练习时用大笔铺色块,快速捕捉色彩第一印象,画出自己的色彩感受,这种感受是个体性的,鲜活的,也是动人的。

色彩的透视性:景物的层次非常丰富,要在有限的画面上表现出深远感,就必须注意空间层次的表现。表现空间层次,除了要正确处理画面中的形体透视外,还要处理好空气透视。在我们写生练习时要充分利用色彩的透视性来表现空间层次:近景应处理得概括简约,中景应表现得对比强烈、具体丰富,远景则应表现得概括模糊。

自然风景手绘中的色彩表现

传统村落建筑手绘中的色彩表现

　　色彩的互补性：同一物体，在不同的光源照射下，会呈现出不同的色彩状态，这些不同的色彩状态有个共同特点，就是物体受光部和背光部色彩会呈现互补关系。明白色彩的互补性，合理地运用色彩对比，能使色彩表现熠熠生辉。但也应注意，对比要有度，一般情况下，互补颜色双方面积不能相近，要一方大一方小；纯度不能相近，要一方纯一方灰；明度不能相近，要一方亮一方暗。对于与画面冲突的色彩，要进行适当处理，降减对比，使之与画面协调。大协调小对比，才能形成既对比又协调的色彩关系，成就色调的完美呈现。

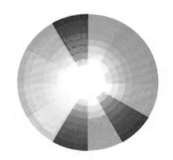

色彩的互补

3. 色彩的属性

任何一个色彩都具有三种基本属性,它们分别是:色相、明度和纯度。三属性是界定色彩感官识别的基础,灵活应用三属性变化是色彩设计的基础。

色相:色相是色彩的第一属性,指色彩的相貌。在色彩的三种属性中,色相常被用来区分颜色。根据光的不同波长,色彩具有红色、黄色或绿色等性质,即为色相。黑白色没有色相,为中性色。

明度:明度是色彩的第二属性,根据物体的表面反射光的程度不同,色彩的明暗程度就会不同,这种色彩的明暗程度称为明度。在孟塞尔颜色系统中,黑色的绝对明度被定义为0(理想黑),而白色的绝对明度被定义为100(理想白);而相对明度就如通常我们所看到的字黑被定义为5,纸白被定义为95;其他系列灰色则介于两者之间。

纯度:纯度是色彩的第三属性,指色彩的饱和程度,光波波长越单纯,色相纯度越高;相反,色相的纯度越低。色相的纯度显现在有彩色里。在孟塞尔颜色系统中,无纯度被设定为0,随着纯度的增加数值逐步增加。

4. 藏羌民族色彩

在藏羌族建筑中,白、红、黄、蓝、绿、黑是常见的几种颜色,而且用色时喜用原色,大面积平涂,使得建筑色彩纯净而艳丽,质朴而壮美。

转经长廊

神圣的藏族白塔

二、马克笔手绘技巧

1. 马克笔类型及其笔触

常用的马克笔类型有水性马克笔、油性马克笔、酒精性马克笔三种。水性马克笔笔触界限明显清晰，色彩鲜亮，重叠上色容易对图纸产生破坏，使画面显得脏乱。

油性马克笔笔触自然、色彩柔和、覆盖性强，可重复上色以强调重点之处，但上色很快会干，所以上色需迅速、准确。

酒精性马克笔笔触界限明显，可重复叠加上色，但是由于其易晕染、速干的特点，所以上色需迅速、准确。

2. 马克笔笔触的基本技法

（1）平行排笔法。沿着一个方向进行排笔，如水平方向、竖直方向或者倾斜方向。在排笔时要注意：① 握笔的手要稳，一笔接一笔不间断地向后移动。② 在移动的时候速度应基本一样，这样就不会出现不均匀。③ 移动过程可以笔笔相连，也可以留出空白——飞白；这样画面显得有密有疏，有主有次，既统一又有变化。

平行排笔法运用表现

（2）交叉排笔法。在画完线稿后，用钢笔勾出草图，在上色时先用笔沿着物体的线条走向进行排笔，在排笔过程中为了表现物体表面的材质感，在笔触与笔触之间形成夹角，在重叠处加入重色形成一定的质感，这种交叉排笔方式就出现了意想不到的效果。

交叉排笔法运用表现

（3）叠置排笔法。叠置排笔在深入表现中运用得比较多，如在浅色中要表现出物体的明暗及阴影效果就要重复排笔，加入重色体现物体的立体感；在特殊物体中必须要重复运笔才能表现出预期的效果，因而许多情况中都要运用叠置排笔的画法。

（4）点画法。与其他几种画法相比，点画法运笔比较随意自如，也比较好掌握，缺点是用时较多，不能很明显地体现马克笔作画速度快的特点；但在局部还是很好用，可以画出意想不到的效果。

叠置排笔法运用表现

点画法运用表现

3. 马克笔上色的基本训练方法

选取同一色系、不同深浅度的马克笔(例如 BG_1、BG_3、BG_5、BG_7 等)由浅入深上色,逐渐加重。随着着色的深入每层加深,上色面积逐渐缩小,一般通过 3～4 遍着色即可达到最终色彩深度要求。

选择同一色系,按色彩层次进行分类,例如 35、37、49、97 等属于同一色相、不同色彩,使用中由浅色到深色依次着色,着色面积依据颜色加深而逐渐减小,保证色调统一,最后再增加少量补色或者对比色等丰富色彩效果。

选择两种或两种以上色系色彩运用于同一个画面中,一定要分清几种色系色彩的主次关系,以一种色系为主,在总体色彩中的比例不低于 50%,其他色系色彩依次着色。

不同手绘工具混合上色

4. 马克笔手绘表现示例

传统建筑马克笔手绘表现

传统村落建筑单色马克笔手绘表现

羌寨村落建筑马克笔手绘表现

三、彩铅手绘技巧

彩色铅笔是一种非常容易掌控的涂色工具,分为水溶性彩色铅笔和不溶性彩色铅笔两种。彩铅画是一种将素描与色彩结合起来的绘画形式,具有素描的笔触感和色彩的丰富感。它的独特性在于色彩丰富且细腻,可以表现出较为轻盈、通透的质感。

1. 彩铅用笔方法

平涂排线法:运用彩色铅笔均匀排列出铅笔线条,达到色彩一致的效果。

叠彩法:运用彩色铅笔排列出不同色彩的铅笔线条,不同色彩可重叠使用,变化较丰富。

水溶退晕法:利用水溶性彩铅线条溶于水的特点,将彩铅线条与水融合,达到退晕的效果。

2. 彩铅上色方法

如果用的是不溶性彩铅,要把笔削尖,然后一层层地上色,彩铅的不同颜色叠加会形成不同的色彩表现效果,切记,用彩铅手绘不能用力涂,应逐层上色,画颜色重的地方,可以利用几种颜色用在一起的效果。

如果用的是水溶性彩铅,就先用彩铅画一层,然后再用毛刷沾水涂,这样颜色就会被渲染开来。不要怕把画面画糟,尝试不同的颜色搭配出来的感觉,逐层上色。

3. 彩铅手绘表现示例

传统村落建筑景观彩铅手绘

静物彩铅手绘

四、马克笔和彩铅综合表现

单纯使用马克笔和彩铅,难免会使画面显得单调、丰富度不足。马克笔与彩铅等工具结合使用,有时还可用酒精再次调和,画面则更为丰富而具层次感。

西南民居建筑手绘

第6章 配景的表现

一、人物

1. 人物的比例

人物的比例表达通常以头长为单位。我国成年人身高通常为7～7.5个头长。从下颌到乳头、乳头到肚脐各为1个头长，从足底到膝关节、膝关节到大转子各为2个头长，大转子连线到肚脐半个头长。上肢约为3个头长，肩膀到肘关节1个头长，肘关节到腕关节1个头长。下肢约为4个头长，大转子到膝关节2个头长，膝关节到足底2个头长。

素描中人物的大致比例为：人体立姿为7个头长（立七），坐姿为5个头长（坐五），蹲姿为3.5个头长（蹲三半）；立姿手臂下垂时，指尖位置在大腿1/2处。

2. 人物的表现

人物的安排，应根据画面的构图需要进行组织；人物的表现，则需要根据人物所处位置的远近而有所不同。远景中的人物表现，应当概括处理。人物的动态与服饰的表现，可用简单平涂的方法，即剪影的效果，技法上可根据图面效果留白或明暗相应处理。除此之外，藏羌人民独特的民族服饰，以及有着高原红的皮肤，是人物表现中应着重刻画的地方。

（1）近景中的人物表现。近景的人物相对于中景的人物来说，在表现上要更深入一些，如果前景人物过大，五官和动态应当表现明确，衣服款式和体积关系要交代清楚。景观画中的人物表现，不仅能给画面带来生机，同时也体现了人与自然环境共存的美好意境。

（2）中景中的人物表现。中景的人物处理，要适当地表现出人物的动态，上装与下装要区别开来，服饰应比远景人物的服饰表现得详细，主要用明与暗表现出体积关系；人物的发饰与脸部，基本上用点来表现，无须表现脸部的五官特征。

（3）写实人物的表现。写实人物在表现画中应注意人体的自身比例，以及人体在透视图中的远近大小比例关系，人物相对写实。写实人物通常用于表现近景中的人物。

（4）概括人物的表现。以概括、抽象的简易线条以及造型关系塑造人物，以此方法可以更好地点缀表现空间环境，简单易画，不至于喧宾夺主。这种表现方法要求线条更加简洁流畅，适合于表现远景人物。

二、景石

1. 绿地景石

"山无石不奇,水无石不清,园无石不秀,室无石不雅。"不管在西方还是在中国,石头都作为一种传递艺术的媒介、材料被广泛采用,比如建筑、雕塑等。尤其在中国,石头不仅仅作为一种传递艺术、精神的媒介,其自身更成为一种被人欣赏的艺术品,广泛应用于园林的建造中,成为园林景观组成中必不可少的一部分。

景石可点缀在各种园林绿地中,独石即成景,群石也成阵。放置于草坪中,供人们旅游、闲暇时观赏玩耍,身心放松;放置于广场花坛间,高耸挺拔,气势恢宏;放置于开阔地,有立有卧,有唱有和,妙趣横生。

绿地景石手绘表现

2. 驳岸景石

景石是园林中特别是中国古典园林中最具表现力的驳岸材料,具有很强的美学艺术效果。景石能丰富岸边景观并与叠山理水相结合,掇砌成凹凸相间、纹理相顺、颜色协调、体态各异的驳岸。同时可以在合适的地方挑出水面做成山石蹬道,成为石矶等小型平台。景石驳岸适用于流水冲刷弱或者中等程度,而水位变化小的地段,具有很好的园林景观效果,但对堆叠技术要求高,忌胡乱堆叠。

驳岸景石手绘表现

3. 置石

置石以观赏为主,结合一些功能方面的作用,以山石为材料,作独立性或附属性的造景布置。主要表现山石的个体美或局部的组合,不具备完整的山形。置石一般体量较小且分散,园林中容易实现,它对单块山石的要求较高,通常以配景出现,或作局部的主景,是特殊性的独立景观。置石在园林空间组合中起着重要的分隔、穿插、连接、导向及扩张空间的作用。

（1）单体山石。单体山石一般是孤赏式置石，它是古今园林通用的石景设计手法，也是现代园林中很常用的石景设计手法。

国画教程中有"石分三面"之说，这便是画石头的基本掌握点。将石头视为一个六面体，根据其形状特点，用细实线绘出其几何形状，切割或累叠出山石的基本轮廓，将石头的左右上三个部分表现出来，形成体积感。同时三个面要区分明确，然后考虑画面中的转折、凹凸、厚薄、高矮、虚实等，下笔时要适当顿挫曲折。在刻画石头时，要分面刻画，面与面之间的区分要明显，用线干脆利落。"明暗交界线"是交代石头的转折面，也是刻画的重点；石头的形态表现要圆中透硬。

根据不同山石材料的质地、纹理特征，用细实线画出石块面、纹理等细部特征，然后根据山石的形状特点、阴阳背向，依次描深各线条，其中外轮廓线用粗实线，石块面、纹理线用细实线绘制。

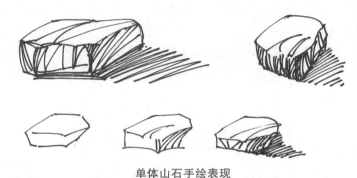

单体山石手绘表现

（2）组合山石。在景观营造中，石头除了以单体形式出现外，通常会以组合形式出现，作为某一主景的配景存在，以达到供人观赏的目的。组合山石主要表现石头的群体美。

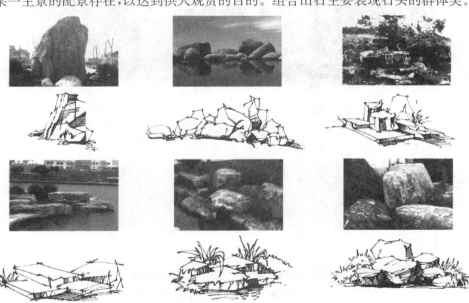

组合山石景观及其手绘表现

4. 假山叠石

无论是帝王宫苑,还是私家园林,在设计中都追求山林之乐,对置石和假山叠石都有着充分的表现。无园不石,无石不奇,石在古典园林中是不可或缺的造景材料。

在中国传统园林中,假山是景观的主要构成要素。园林中假山的形态丰富多样,兼有自然形成和人工构成的特点。假山与水景、植物、花架、盆景、亭台等元素构成传统中国园林特有的景观画面,在手绘表现时要注意假山特征的捕捉、细节的刻画及其与环境的关系的处理。因为假山丰富自然的形态,在造型上很难以几何式的快速表达方法进行概括,因此选择形体采用白描、局部细节采用速写的表达方式,以求真实准确地表达假山的形态。

手绘表现时注意假山的立体感及其与空间关系的表达,一般在较尖锐的部位,采用速写的表达方式,对呈曲线的部位采用白描的表达方式,以使得整体轮廓变化多样,同时也符合假山的形态特征。在局部表达时,用适当的排线方式表达暗部,以体现立体感,用线面结合的表达方式体现整体空间感。鉴于假山复杂的形态与空间关系,在表达时要注意仔细观察,认真刻画,注意适当取舍,以求表达出山石的自然形态。在对假山单体进行了一定强度的训练之后,可尝试将其融入环境,通过一组月洞框景来展现融入园林环境的假山石景观。

假山石景观手绘表现

三、水体

1. 静态水

静态水体指宁静或有微波的水面,能反映倒影,如水池、湖泊、池潭等。静态水面多用平行排列的直线、曲线或小波纹线表示;水面可采用线条法、等深线法等画法。

(1)线条法。用工具或徒手排列的平行线条表示水面的方法称线条法。线条可采用波纹线、水纹线、直线或曲线。静态水面线条不可太实,局部留白表现波光粼粼的水面,体现水透明、反光的特性。

平武自然风景手绘中的静态水

(2)等深线法。在靠近岸线的水面中,依岸线的曲折作二三根曲线,这种类似等高线的闭合曲线称为等深线。通常形状不规则的水面用等深线表达。

阿坝州自然风景手绘中的水面

2. 动态水

动态水体有溪流、河流、跌水、叠泉、瀑布等。流水在速度或落差不同时产生的视觉效果各有千秋,在表现时可采用线条法、留白法、光影法等。

(1)线条法。表达动态水面多用大波浪线、鱼鳞纹线等活泼动态的线型。应用线条时要注意:线条方向与水体流动的方向保持一致;水体造型清晰,但要避免外轮廓线过于呆板生硬。

线条法表现景观水体

（2）留白法。留白法就是将水体的背景或配景画暗，从而衬托出水体造型的表现手法。留白法常用于表现所处环境复杂的水体，也可用于表现水体的洁净光亮。

留白法表现景观水体

（3）光影法。用线条和色块表现明暗层次关系，并且对明暗层次重点刻画，通过明暗层次塑造空间感，同时通过明暗层次体现水体的形象特征。

光影法表现景观水体

3. 自然式水体

自然式水体包括自然界中的水体和人工模仿自然形态设置的水体,水体轮廓自由、随意,能给人轻松活泼的感觉。自然式水体手绘表达追求体现自然美,作画时须细致提炼加工。自然式水体常见于公园景观、居住景观和旅游区景观。

自然式水体手绘表现

4. 规则式水体

把水景做成几何规则形状,比如圆形、方形以及其他复合型等。规则式水体具有简练、大气的效果,能把几何轮廓的力度美和水体的柔美很好地统一起来。规则式水景具有现代气息,容易与城市中其他景观元素相结合,所以多用于城市广场、商业街等空间。

规则式水体手绘表现

四、材质

1. 石材

　　石材是藏羌建筑中常见的建造和装饰材料,大面积的石材堆砌成的藏羌建筑与其他建筑有着明显的区别。石材是人类发展历史上最早的建筑材料之一,使用历史悠久,因其天然之美,在古今中外的建筑史上留下了很多的石材建筑佳作。建筑外墙石材,多因雨水冲刷、自然风化等原因慢慢失去光泽,因此在进行色彩表达时用笔切勿太快,要有顿挫感,把建筑石材的纹理、颗粒感表达出来。

　　石材种类众多,因而表现形式也较多,石材的表面凹凸不平,绘画时要自由随意,表面粗糙感在画面形成肌理。

阿坝州寺庙建筑中的石材

阿坝州寺庙、碉楼建筑的石材肌理

石材建筑手绘表达

2. 玻璃

　　玻璃在空间设计中经常出现,透明的玻璃窗由于光照变化而呈现出不同的特征。当室内黑暗时,玻璃就像镜面一样反射光线;当室内明亮时,玻璃不仅透明,还对周围产生一定的映照。在表现玻璃时要将透过玻璃看到的物体画出来,让反射面和透明面相结合,使画面更有活力。外窗反射的一般是天空的景致,加上玻璃的固有颜色。

　　(1)透明玻璃的表现。渲染透明玻璃首先要将被映入的建筑、室内的景物绘制出来,然后按照所画玻璃固有的颜色,用平涂的方法绘制一层颜色即可;而对于一栋建筑来说,

玻璃材质马克笔表现

在底层可以用这种方法进行渲染,但随着高度的增加就要减弱对其刻画的程度,要加大玻璃的反光表现。

(2)反光玻璃的表现。首先铺一层玻璃的固有色作为底色,作画的笔触应该整齐,不宜凌乱而琐碎。同时根据窗户角度的不同,除了对玻璃自身所固有的颜色进行渲染外,还需要对周围环境的色彩加以描绘与表现。对于建筑物的玻璃采取反射和通透相结合的形式,其反射的天空和周围的环境要处理好明暗与虚实的变化。透映室内的物体要以概括、抽象的手法变换表达,可选用冷灰色调的颜色进行简略的概括。如果玻璃的固有色是暖色,也应在其中加入冷色调进行表现。如果是街道两旁的建筑,其玻璃上只要画出树干以上的景物即可,其他的人物、车流等可不画出,以保证画面的整体效果。

3. 木材

木材也是藏羌建筑中常用的一种建造材料。木材的特点有重量轻、弹性好、耐冲击、纹理色调丰富美观,所以在色彩的表达时要体现木材的纹理和色调本身的特点。木材本身具有天然美丽的花纹,是其他任何材料不可取代的天然良材,它加工容易,纹理自然而细腻。

木材的手绘要求表现出木纹的肌理。练习时可选用同一色系的马克笔重叠画出木纹,也可用钢笔、马克笔勾或用"枯笔"来拉木纹线,徒手快速运笔,使纹理完美融合。不同的木质材料,可用不同的木纹色来描绘,有时纹路可用黑笔或色笔加强。木质的表面不反光,高光较弱,其纹理是体现木质感最好的表现方式。在画面上渐变色,再加上木纹理,是体现木材材质的有效办法。

藏羌生活场景中木材材质表现

西南民居木质建筑手绘表现

五、植物

1. 乔木

根据不同的表现手法可将乔木的表现划分成四种类型。

① 轮廓型：乔木只用线条勾勒出轮廓，线条可粗可细，轮廓可光滑，也可带有缺口。

② 分枝型：只用线条的组合表示乔木树枝或枝干的分叉。

③ 枝叶型：既表现出乔木分枝、又表现冠叶。树冠可用轮廓表示，也可用质感表示。这种类型可以看作是其他类型的组合。

④ 质感型：只用线条的组合或排列表现乔木树冠的质感。

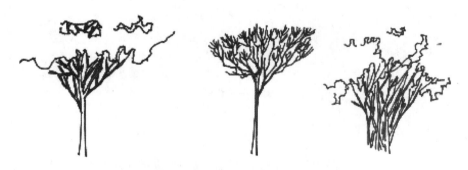

乔木手绘线稿

乔木立面图的绘制可分以下几个步骤。

① 绘出中心线和主干；

② 从主干出发绘出大枝,再从大枝出发绘出小枝;

③ 从小枝出发绘出叶片,并铺排组合成树冠外轮廓;

④ 根据光影效果,表示出亮、暗、最暗的空间层次,加强树的立体感和远近树的空间间距。

乔木的立面表现风格应与图面一致,并保证乔木的平面半径和立面冠幅相等、平面和立面对应、树干的位置位于树冠圆的圆心。

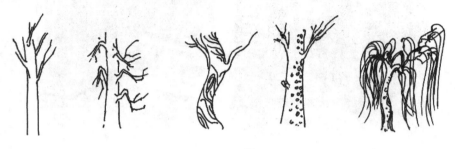

乔木立面图

2. 灌木

灌木相对于乔木来说比较矮小,没有明显的主干。刻画灌木时,要着重表现它的枝叶,同时注意疏密虚实的变化,将植物分块,理清块与块之间的大关系。

灌木手绘线稿

3. 草地

刻画草地时,要注意草地的轮廓及轮廓边缘的处理,应虚实结合,切忌太过呆板。当草地作为前景时,需要对草地的形态进行深入的刻画;而当草地作为远景时,更多的只是表现其总体轮廓,细部只需稍微带过即可。

景观中的草地表现

六、园桥

　　园林中的桥,不仅可以沟通园路、组织导游、分隔水面空间,而且具有使景观锦上添花的作用,同时也是游人休息、游览、凭眺、嬉水、观鱼及配置水生花草的好地方,所以桥的位置和造型与园林景观的关系较为密切。园桥一般架在水面较窄处,桥身与岸相垂直,或与亭廊相接。桥的造型和大小要服从园林的功能、交通和造景的需要,与周围的环境协调统一。在较小的水面上设桥应偏向水体一隅,其造型要轻巧、简洁,尺度宜小,桥面宜接近水面。在较大的水面上架桥,可以局部抬高桥面,避免水面单调,也利于桥下通船。园桥的类型很多,从材质上来分有石桥、木桥、钢筋水泥桥,从造型上来分有梁式、拱式(单曲拱和双曲拱)、单跨和多跨,从样式上来分有平桥、曲桥、拱桥、亭桥、廊桥、汀步等。

景观手绘表现中的园桥

第 7 章　景观小品

一、景观小品类型

1. 雕塑小品

雕塑被广泛应用在公园、广场、城市节点、旅游景点中,起到装饰和美化环境的作用,赋予园林鲜明而生动的主题,提升空间的艺术品位及文化内涵,使环境充满活力与情趣。雕塑小品中最常见的就是人物雕像和纪念碑等,是城市景观中十分重要的造园要素。

在手绘表现时,要注意雕塑景观在园林中的位置及其所蕴含的文化意义。雕塑的画法要能表达形体特征、局部细节和材质,展现雕塑小品与周围环境的空间关系。注意把握画面中雕塑和周边环境的主次关系,以及雕塑与周围环境风格的一致性。

2. 水景小品

水景小品是以设计水的动、静状态为内容的小品设施。在规则式园林绿地中,水景小品常设置在建筑物的前方或景区的中心,为景观轴线上的一个重要景观节点。在自然式绿地中,水景小品的设计常取自然形态,与周围景色紧密结合,体现灵动和蜿蜒曲折之美。

水景小品的表达要注意虚实结合以及光影的表现,注意留白。如画静水状态下的小品可以表现水中的倒影,即把周围的建筑、植物、天空等在水中的形态表现出来,通过倒影的表现来体现水的静态。一般用水平方向的平行线条去表现平静水面上的倒影,穿过倒影部分的线条也用平行线表示,但排列会更密集。画动态水小品时可以用横斜线来表现涟漪或者波纹。

景观中静态水手绘表现

动态水景小品手绘表现

水景小品手绘表现

3. 围合与阻隔小品

围合与阻隔小品在景观中常常起到视觉引导、分隔空间以及增加景深的作用,多数为构筑物,包括园林中形成隔景、框景、组景等的小品设施。常见的有花架、景墙、漏窗、花坛绿地的边缘装饰、保护园林设施的栏杆等。

隔景小品手绘表现

框景小品手绘表现

组景小品手绘表现

4. 功能性景观小品

功能性景观小品在园林中具有特定的功能,其设置以满足园林功能需求为首要前提,其次才是从造型上塑造更优美雅致的环境。功能性景观小品包括展示设施、休憩设施、灯光照明小品等。常见的有古树的说明牌、路标指示牌、亭、廊、坐凳以及各种景观灯等。

景观中的照明小品

各种亭的手绘表现

景观小品手绘表现

二、藏羌传统景观小品

羌族人民生活中祭祀活动很多，存在各种祭祀礼仪。祭祀塔、羊头等充满民族信仰色彩的构筑物和物品等常常出现在其颇具民族特色的景观中。

祭祀塔及其手绘表现

羊头及其手绘表现

在小品刻画时，要注意抓住小品特征及其材质特点，注意画面构图，应表现出小品功能或内涵，设置好小品的构图出发点，展现景观中小品的组合趣味性特点。

第 8 章　建筑表现

藏羌建筑手绘表现包括了平面图、立面图、剖面图、轴测图及透视图等不同类型。不管哪种类型，重点在于表达建筑相关信息的准确性，以及最终成图的可欣赏性。最终呈现出的建筑手绘效果通常依靠线条的组织排列来表现，例如线条的粗细、长短、疏密、曲直等。

一、建筑形体的塑造

1. 单体的绘制

在建筑手绘表现中，我们可以将建筑分解成为若干个基本几何体，例如长方体、正方体、圆柱、球、棱柱、棱锥、棱台、圆台、多面体等；将它们通过加法、减法以及不同的组合方式，共同构成单体建筑。因此不同建筑的表现其实就是不同几何形体的绘制。建筑空间几何形体的绘制比较简单，有如下四步。

第一步，在空白纸上绘制一个简单的几何图形；第二步，在空白处找准灭点；第三步，连接几何图形边角点与灭点，从各个角度来表达平视、俯视、仰视等；第四步，在各个空间内增加或删减体块。

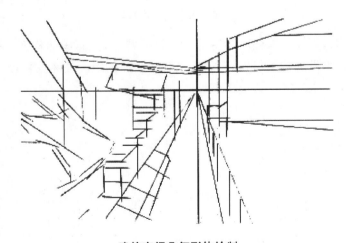

建筑空间几何形体绘制

在此过程中需要注意的有以下几点。

① 为了表达不同角度的观看效果，应确保灭点的位置合适，也就是透视必须准确。

如果透视表达错误,后期画得再好也无济于事。

② 在绘画表达时,线条下笔要肯定、干练,不要拖拖拉拉、反复修改。熟练的线条表达将塑造出强劲有力的建筑形体,这需要绘画者长期坚持线条练习。

③ 一般来说,为了达到良好的表达效果,建筑空间多选用两点透视来表现体块感。

2. 组合体的绘制

单元组合体是将建筑物分解成若干个相同或相似的独立的几何单元体,并按照一定的规律组合在一起的建筑形体。这类建筑形体广泛用于住宅、学校、幼儿园、医院等建筑。

在绘制这类组合体时,可结合基地环境道路的走向、地形现状随意增减单元体,形成台阶式、锯齿形、一字形等体型,建筑形体没有明显的均衡中心及主从关系,单元体连续重复的组合具有强烈的韵律感。

建筑群中体现出的单元组合体

3. 复杂体的绘制

复杂体是由若干个不同体量、不同形状的形体组合而成。在组合时,运用建筑形式美规律处理好体量与体量间的协调和统一问题,具体要求有以下几点。

① 主次分明,交接明确。将建筑物分为主体和附体,强调主体,突出重点,并将各部分巧妙地组合成统一整体。

主次分明的建筑手绘表现

② 对比变化,造型丰富。运用体量间的大小、形状、方向、高低、曲直等对比手法,突出主体,创造出丰富、变化的造型效果。

造型丰富的建筑手绘表现

③ 完整均衡,比例恰当。形体组合的均衡包括对称与非对称两种形式。对称的形体组合易达到均衡和完整的效果;对于非对称式,要特别注意各部分体量的大小和比例关系,在不对称中求均衡。

体现均衡的建筑手绘表现

二、建筑形体演变训练

体是事物组成的元素,形是元素以特定序列组合而成的事物形态,所以形体就是以特定元素构成的物体形态。建筑形体就是建筑内部空间和结构形式反映在建筑外部的具体形态。

建筑物不论形体怎么复杂,都是由一些基本的几何形体通过不同的演变组合而成。常见的建筑形体演变方法有以下几种。

(1)加法。几何体加法是建筑造型手法中最简单的一种,表现形象简洁美观。简单地说,形体的加法就是将基本的几何形体连接在一起。有理性的、规整的加法;有间隔的、韵律的加法;也有故意斜切而叠加的形体组合;甚至对基本几何形体的膨胀做法,都属于建筑形体表现中的加法。

(2)减法。建筑大师密斯·凡·德·罗说过"少就是多",简单的建筑造型手法也能组合成美观大方的建筑形象。表现形体的减法主要是在基本几何形体的基础上削减而形成新的几何形体。有以下几种类型。

① 分割:等形分割,分割后子形相同;等量分割,分割后子形体量、面积大致相同,而形状却不一样;比例数列分割,通过和谐的数字关系、子形之间的相似性来形成统一的新形;自由分割,以缺乏相似性的子形来形成和谐统一的新形。

② 收缩:在基本几何形体的基础上,对其整体或某一部分进行不同程度或不同方向的变小、变短或减少的变化。

③ 旋转:形体的旋转指的是围绕一个定点沿某个方向转动一个角度。一般可以做垂直方向的上升运动,使形体产生强烈的动态和生长感。在绘画的时候对曲线的流畅性和

连续性要求比较高,但是画出来的建筑表现效果比较奇特,很有冲击力。

④ 倾斜:与空间内的垂直线或水平线产生一定的偏离角度,表现出形体的倾斜感。这种简单的形体演变也同样能形成视觉上强烈的冲击力。

三、造型的简化

1. 观察分析

通过观察分析,归纳出建筑的整体是由基本的几何体组合而成的,作画时可感受到建筑本身由"方盒子"构成,组合的过程简言之就是不同角度、不同方向、不同力度往外补个盒子,或者就是从里面切个盒子。

作画前的观察分析就是对建筑画面进行构思、推敲。因为建筑表现形式多是结构化和构成化,一般要表达已建成建筑体量比较复杂,因为细部很多,容易产生干扰,影响到对形态准确性的把握。建筑手绘表现正确的方法是先忽略与总体形态无关的一些细部,抓住形体间的大关系,清楚了这个大关系后再往里加细部,这样就不容易走形。

民居局部手绘表现

2. 形体概括提炼

在建筑手绘的表达中,形体表现的准确性主要体现在三方面:一是透视关系的准确性,它直接反映了建筑及其与空间环境相对位置的准确性;二是形态关系的准确性,在形态转折、交接、穿插等部位,用线要肯定而明确,不能被材质及光影所迷惑而失形,要经过思考以表达形态本身的逻辑;三是建筑阴影的准确性,形体转折边界处的阴影表达是建筑形体表现的一个重要组成部分,同时也是对于绘图者形体细节把握能力的一大考验。

(1) 透视关系。透视关系的准确性在建筑手绘表现中是极其重要的,它是整个手绘表现的基础。因为空间和环境氛围只有在准确的透视效果中才能表达出准确的信息,即便是在刻画随意的草图时,准确的透视也能表达出明确的空间关系。

(2) 形态比例控制。在确定了准确的透视关系之后,对建筑整体形态进行分析时,确定建筑外轮廓的比例是一个难点。许多人一上手就凭感觉开始盲目画,很有可能会不注意建筑整体的比例关系。画大的建筑图,要掌握"灭点在心中"的线条走向,因为在表现大型建筑时,灭点往往在图纸外的远处,只能通过绘画者对于线条角度的掌握来准确表达建筑的整体透视和比例关系。

现代建筑手绘表现

(3) 建筑阴影。建筑阴影的表达主要是为了增加建筑物的立体感。阴影的表现有一大忌:阴影的线条和所表达的空间感不一致。画阴影最简单的方法是使用垂直线条,它不会影响读者对建筑环境空间的解读,用线条的疏密来表达空间的深远和方向关系。相反,如果用交织线条来表达的话,其阴影看着更像是物体,容易让读者产生误解。此外在画建筑阴影时也要注意掌握透视的准确性,这对把握空间的纵向关系是很有帮助的。如果无法掌握透视阴影表达方式,就沿一个方向画阴影,至少不会引起观者对空间感的误解。

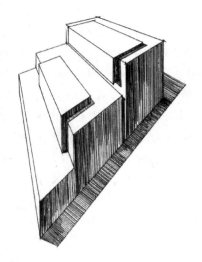

建筑阴影手绘表现

四、藏羌建筑形体

1. 典型藏羌建筑

地处阿坝州理县的桃坪羌寨,是羌族建筑群落的典型代表,寨内一片黄褐色的石屋顺着陡峭的山势逐坡上垒,其间碉堡林立,被称为最神秘的"东方古堡"。桃坪羌寨以古堡为中心筑成了放射状的 8 个出口通道,寨房相连相通,外墙用卵石、片石相混构建,斑驳有致。寨内的碉楼高高低低,建筑形式有四角、六角、八角,结构匀称、棱角突兀、雄伟坚固。

2. 藏羌建筑表现方法

在刻画藏羌建筑时,要注意以下几点。

① 藏羌建筑具有独特的建筑装饰材料,外墙装饰材料多是就地取材,地方性特征显著,在作画时应着重表现;

② 藏羌建筑本身具有相似性,应充分抓住其建筑结构特点,在主要特征处加强用笔数量,重点体现特征;

③ 藏羌建筑色彩多与宗教色彩相似,颜色艳丽、醒目,处理画面色彩时也应加强色彩特征表现。

第 9 章　手绘作品赏析

一、庭园景观

　　庭园景观设计是近几年非常受到关注的研究方向。随着社会经济的迅速发展,人们的住宅环境越来越好、住宅面积越来越大,庭园景观设计的需求日益提升并受到重视。由于庭园空间比较独特——面积小、又兼顾了室内与室外两部分的特殊环境,因此在专项设计中需要考虑的方面要更多一些。

　　庭园景观的设计表现应特别注重以下几个问题。① 因地制宜做设计。庭园是依附建筑而存在的空间,庭园景观设计应充分考虑建筑周边的边角位置,并且要合理利用特殊位置增加设计创意。② 进行庭园景观设计时要注意与建筑的风格、色调、处理手法等息息相关。③ 与周边环境密切结合。进行庭园景观设计时要注意与周边道路、水电气等配套设备设施相结合。

　　在进行庭园景观手绘表现时应充分考虑以上几点,并加以有机结合,使设计的想法与手绘的技法相互融合,表现出优秀的画面效果。

　　庭园景观的手绘表现应注意以下几点。

　　① 选择最具有特点的绘画角度,表达庭园特色。

　　② 选择与庭园风格相符的绘画手法。不同风格对绘画手法有不同要求,例如:现代风格注重简洁、流畅,东南亚风格注重厚重、细致等。

　　③ 选择合适的透视处理方式。例如:一点透视,表现对象庄重、稳定,画面中心明确;二点透视,表现对象活泼、生动,画面充满趣味性。

　　④ 选择合理的色彩搭配。适当的色彩表达可充分体现出手绘庭园景观的特征、风格、形式等,并且具有其他绘画阶段无法代替的作用。

入口景观手绘表现 1

入口景观手绘表现 2

庭园中水景手绘表现 1

庭园中水景手绘表现 2

庭园场景手绘表现

东南亚风格庭园手绘表现

廊道手绘表现

庭园景观手绘表现

特色建筑与庭园手绘表现 1

特色建筑与庭园手绘表现 2

建筑与庭园俯视手绘表现

二、园桥

园桥在现代景观设计中是非常重要的元素，也是手绘表现的重要内容。常见的园桥按桥梁形态分类可分为梁式桥、拱式桥、汀步桥等；按桥梁材料分类可分为石桥、木桥、石木桥、竹木桥等。景观中的园桥应该具有以下三个特征：①符合桥梁造型美、功能美和形式美法则；②遵循桥梁与环境协调的规律；③体现自然景观、人文景观、历史文化景观的内涵或具有象征作用。

园桥绘画表现时应注意以下问题。

① 确定绘画表现内容中桥与环境的主次关系，从而决定绘画过程中各部分投入精力的多少；

② 确定画面中表现对象的形式与风格，进行绘画手法的合理选择；

③ 确定画面色调，合理搭配色彩。

水景汀步桥手绘表现

平桥手绘表现

拱桥手绘表现

景观水体中踏石手绘表现

石桥手绘表现

木桥手绘表现

三、水景小品

水景的表现形式各异。常见的水景以景观树、水中亭、荷花、小桥等元素构成景观,水中因景成倒影,四面因水生凉意。水景小品绘画表现时应注意以下问题。

① 水面表现宜曲不宜直;

② 应突出水景柔和的特点,以水带活图面;

③ 图面不宜过于生硬与规整。

水景手绘表现

水体与景观场景的融合

木质建筑与水景的融合

自然景观中的水体表现(平武)

四、草地

自然景观中的草地手绘表现

庭园中小面积铺草手绘表现

建筑环境中的草地手绘表现

自然环境中边坡草地手绘表现

五、民居

中国民居种类繁多，表现难度也比较大，应针对不同的材质特点，运用不同的表现手法。代表性民居种类有：蒙古包、四合院、晋中大院、陕北窑洞、徽系民居、浙江民居、藏羌碉楼、湘西吊脚楼、客家土楼、傣家竹楼、西南民居等。

（1）四合院。四合院可以看成三合院前面又加门房的屋舍围合。若呈"口"字形的称为一进院落；"日"字形的称为二进院落；"目"字形的称为三进院落。一般而言，大宅院中，第一进为门屋，第二进是厅堂，第三进及后进为私室或闺房，是妇女或眷属的活动空间，一般人不得随意进入，古有诗云"庭院深深深几许"，庭院越深，越不得窥其堂奥。在处理四合院绘画时首先要考虑画面的布局关系，考虑四合院独特的布局特点。其次，四合院建筑主体主要由灰色火烧砖构成，绘画时抓住火烧砖的绘画表现方法，注意砖体表现的连续性与艺术性，以及前文讲解到的虚实、主体关系的处理。再次要注意建筑顶面小青瓦的独特表现方式。最后，画面色调的处理一定要与建筑材料颜色相结合，整体把握。

（2）陕北窑洞。窑洞是中国西北黄土高原传统居民的古老居住形式。勤劳智慧的中国人结合高原土地特征，凿洞而居，创造了被称为绿色建筑的窑洞建筑。窑洞入口多用石头或者砖头砌成，窑洞上面覆盖厚厚的夯实黄土，规模大的可做成并列多间或上下多层，外部也可另建房屋形成院落。窑洞的整体布局与山体走向有较大的关系。绘画处理时首先应考虑周边环境，例如周边的山体、植被情况等，其次注意画面主体的取舍关系，分出主次,重点表现。

　　(3)藏羌碉楼。中国西南藏羌碉楼民居一般建在山顶或河边,以毛石砌筑墙体,为增强防御功能,房屋建成像碉堡一样的坚实块体。碉楼常为三层,首层作贮藏空间及饲养牲畜,二至三层为居室,设平台及经堂,经堂是最神圣的所在,设在顶屋。顶面处理多为木结构,以片石压顶,石块压边。绘画处理时应深入了解建筑材料,分析材料结构特点,特别是碉楼建设大多数就地取材,材料的使用带有较强的地域性特征。例如,藏羌碉楼的外墙及顶面一般都选择当地产的片石为主要材料,颜色多为青色与土红色,与周边山体较为融合。

1.　民居建筑

　　藏羌族聚居地区独特的地理环境塑造了别具一格的建筑,自然山体的环抱围合形成依山傍水的环境特征。河流冲刷山体带来独有的建筑材料,结合当地盛产的林木打造出具有地区特色的建筑。茅草、木片、木棍、鹅卵石、癞巴石,加上当地居民特有的生活、生产用具,形成一幅幅美丽的画面。

传统民居手绘表现

建筑局部手绘表现

木建筑手绘表现

藏族夯土建筑手绘表现

民居场景手绘表现

西南民居建筑群手绘表现

西南民居木结构建筑手绘表现 1

西南民居木结构建筑手绘表现 2

西南民居木结构建筑群手绘表现 1

西南民居木结构建筑群手绘表现 2

羌族石砌结构民居手绘表现

羌族民居中的木结构构筑物手绘表现

西南民居砖石结构建筑手绘表现

砖木结构建筑手绘表现

西南民居木结构建筑及其环境手绘表现(下图马克笔上色)

西南民居木结构建筑群及其环境手绘表现（下图马克笔上色）

羌族民居木结构建筑手绘表现（下图马克笔上色）

西南民居石木建筑手绘表现（下图彩铅上色）

西南民居场景手绘表现(下图马克笔上色)

西南民居中的木结构建筑及其环境手绘表现（下图马克笔、彩铅混合上色）

藏族民居及其环境手绘表现（下图马克笔、彩铅混合上色）

2. 白雪覆盖下的民居

　　白雪轻如鹅毛,随风飘落,覆盖到茅屋、山峰、林木、大地上,随物具形。屋顶上的雪一点点下垂,层层叠叠,直至及地,那令人担心的厚度仿佛使木屋茅舍不堪重负。民居在白茫茫的雪覆盖之下,形成了一幅幅纯净而独特的画面。

丰收雪景手绘表现

覆盖白雪的木建筑（下图彩铅、马克笔上色）

西南民居中覆雪的木结构建筑（下图彩铅、马克笔上色）

民居雪景手绘表现 1（下图马克笔上色）

民居雪景手绘表现 2（下图马克笔上色）

3. 藏羌特色民居

藏羌民居极具特色,碉楼是藏羌民居中独特的一种建筑类型。藏羌民居在具备防寒、防风、防震功能的同时,会采用开辟风门,设置天井、天窗等方法,较好地解决气候、地理等自然环境中的不利因素对生活、生产的影响,达到通风、保暖的效果。

藏羌本同源,千百年来,藏羌建筑、藏羌族生活方式在很多方面依然保留着诸多相似之处,藏羌民居也具有共同的特点。例如,建筑功能设置上,都是一楼养牲畜,二、三楼居住;建筑材料上,大多数建筑都是就地取材,主要建造材料是木头、石头。藏羌民居手绘表现时应注意以下几点:第一,合理安排画面中几层建筑的相互关系,要考虑楼层结构的重点表现,也要考虑建筑主体与周边环境的主次处理。第二,材料特点的重点表现,一般情况下底层建筑多使用石头材料,其他楼层使用木头材料。运用本书中前部分介绍的木头、石头的绘画方式进行表现,并且结合木材的切割形式、石头的特征进行表现。第三,建筑与周边环境在上色处理时,一方面要考虑色彩整体性,画面中物体色彩相互影响,色调统一,另一方面要考虑画面以主体建筑色调为主,周边物体采用对比色彩,例如色相对比、纯度对比、明度对比等。

藏族宗教建筑手绘表现

藏族民居手绘表现

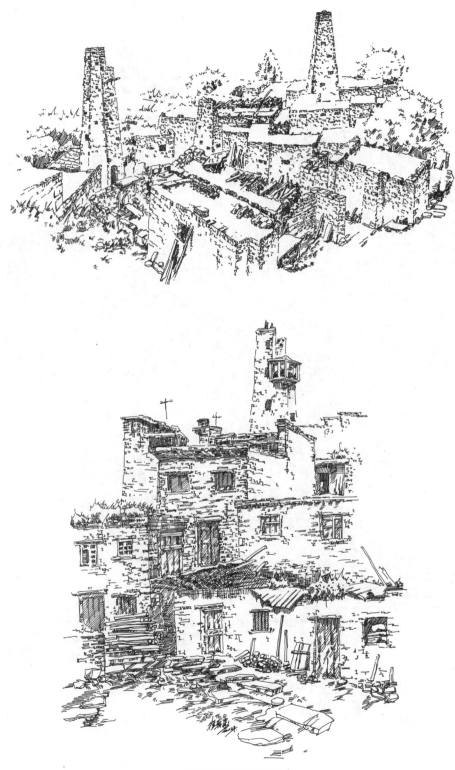

羌族民居手绘表现 1

羌族民居手绘表现 2

4. 木质民居

表现木质民居时，先用钢笔点定位的方法大致确定画面的基本构件，以及主要构件所在的位置，钢笔点所在的位置不用擦除，在作品完成时自然能够融入画面。接着用钢笔由前到后表现出画面的主要构件，注意前后排布顺序以及前后的遮挡关系。画面中不同材质使用不同的笔法完成，特别是具有代表性的位置，一定要分析其结构特点，明确表达对象。例如木柱画法，两条边框线要注意受光面的那一条，一般会以断开的部分表现高光等亮面效果；暗面的一侧则加重用笔，或者辅助以一条断续的线依附在旁边，表现空间感或立体感。

作品完成后整体调整效果，体现出画面中的疏密关系、主次关系。可以在主要部分增加用笔数量，使画面凸显前后关系等空间关系，达到整体统一的视觉效果。

西南地区木质建筑及其环境手绘表现

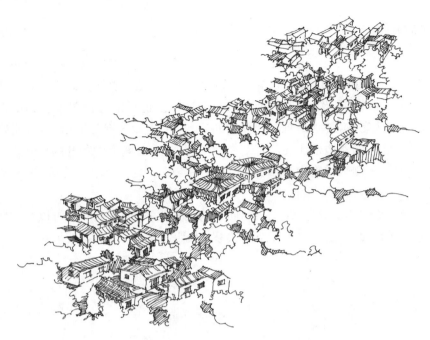

西南地区木质民居建筑群远眺

与环境相融合的木质民居（右图马克笔上色）

西南地区木质民居建筑群局部（右图马克笔上色）

西南地区木质民居建筑群手绘表现

5. 石材民居

石材是最早使用的民居建筑材料之一,其特点是经久耐用,原材料一般就地取材。由于石材的样式、形状不同,所建成的建筑特点也不相同,常见民居使用的石材样式有石块、岩片、石粒、石条、石板等。石块、石条、岩片、石粒(与黏土结合使用)等常用于民居建筑的墙体,在绘画时可以把这些材料的特征结合手绘技巧运用到石材民居的表现上;石板、石条等常用于民居建筑的屋顶,一方面可以遮阳避雨,另一方面石材的安全稳定性好。屋顶石材一般比较薄(减轻房顶的重量),因此手绘时此类位置的立面表现不宜过厚,长宽的尺寸要大于厚度。

石材民居是藏羌建筑样式中非常重要的一种形式,是藏羌族千百年形成的特色鲜明的建筑艺术宝藏。

西南地区石材民居手绘表现

西南古镇石材民居手绘表现

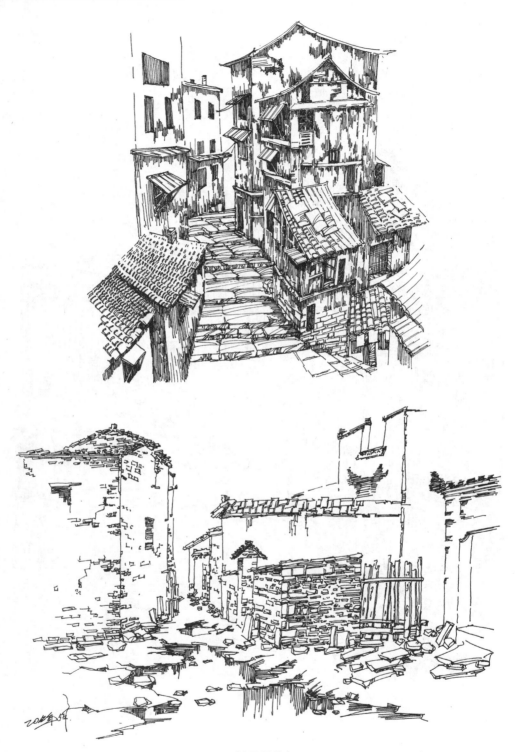

石材民居特色

西南古镇商业街手绘表现

西南古镇民居手绘表现

西南古镇中的河道

石材民居风貌

安徽宏村民居建筑（右图马克笔表现）

安徽宏村民居特色（右图马克笔上色）

安徽宏村民居的门和檐（右图马克笔上色）

安徽宏村民居的院落环境(右图马克笔上色)

安徽宏村民居建筑一角(右图马克笔上色)

西南古镇民居建筑一角（右图马克笔上色）

羌族碉楼建筑马克笔表现

西南民居建筑马克笔表现

西南古镇木质民居建筑马克笔表现

西南古镇民居彩铅表现

安徽宏村民居建筑马克笔表现

景观小品马克笔表现

通过以上作品我们可以看出，在建筑与景观手绘表现时，应根据其不同风格，首先抓住场景的主要特征，着重表现不同风格建筑与景观的主要结构细节，形成独特的艺术特点。其次，根据不同的建筑材质特征，调整用笔方法，例如：建筑表面肌理复杂的，用笔要细致，刻画要精致。马克笔上色笔法简单，平涂即可，稍微调整一下明暗面的用笔数量，整体感、立体感更好。建筑表面简洁清爽的结构（现代中式风格），用笔要准确、流畅，注重钢笔线条的抑扬顿挫以及线条的密度关系。需要强调的是，马克笔上色时一定要注意明暗关系的处理，对于简单墙面用笔要有一定的艺术性、有一定的画面装饰性。

参 考 文 献

[1] 李胜,张万荣.石材在园林驳岸中的应用形式探讨[J].西北林学院学报,2011,26(5):236-240.

[2] 张犇.解析羌族建筑的文化内涵[C].//中国工艺美术学会理论委员会2007年年会论文集.南京航空航天大学,2008:215-224.

[3] 王恒.建筑及景观设计中手绘表现技法的应用研究[D].保定:河北农业大学,2012.

[4] 陈晓.浅论油画作品中的装饰性色彩语言[J].美与时代·城市,2013(4):90.

[5] 韩双.简析我国民居特色[J].华夏地理,2015(7):218-219.

[6] 杨云.钟训正城市建筑解析[D].南京:东南大学,2007.

[7] 张文兵.阴翳美学——建筑基础教学中的光影研究[J].高等建筑教育,2017,26(1):7-12.

[8] 周伟.仪陇县民间造型艺术[J].中外交流,2018(36):31-34.

[9] 刘晶.建筑手绘的重要意义和提高方法[J].建筑工程技术与设计,2018(31):3516.

[10] 刘晓平.藏、羌建筑形式在环艺专业教学中的运用[J].阿坝师范高等专科学校学报,2004,21(3):74-77.

[11] 仁青卓玛.小议藏族吉祥符号文化[J].青年文学家,2011(16):218.

[12] 张凯.再谈色彩管理研究[D].南京:南京师范大学,2015.

[13] 童概伟,王燕珍.谈建筑设计专业美术基础教学的反思——以素描课程中的"线条"教学为例[C].//第九届全国高等美术院校建筑与环境艺术设计专业教学年会论文集.中国建筑工业出版社,2012:54-59.

[14] 张玮.特色民居筑梦天下[J].中国减灾,2015(21):26-29.

[15] 孔凡红.城市绿地中园林建筑规划探究[J].城市建设理论研究(电子版),2015(25):4242-4243.

[16] 刘彦京.四川地区震后重建农宅设计的调查与分析[D].西安:西安建筑科技大学,2016.

[17] 支雷鹰.谈漫画选修教学的点滴体会[J].科技资讯,2007(16):175.

[18] 姚丙艳.家居空间软装饰设计研究[D].青岛:青岛理工大学,2014.

[19] 王丽丽.内蒙古赤峰市城区城市公园景观调查分析[D].呼和浩特:内蒙古农业大学,2015.

[20] 符曦.四川阿坝州羌族藏族石砌民居室内空间与装饰特色的研究[D].成都:四川大学,2004.

［21］樊达.一个关于建筑的黄金时代［J］.中国美术,2014(6):136-138.

［22］祝京.景观设计手绘表现画面组织中构图的方法探究［J］.文艺生活·文艺理论,
　　　2016(4):39-41.

［23］陆文莺.中国传统民居窗饰艺术内涵探析［J］.江苏建筑职业技术学院学报,2015,
　　　(4):36-40.

［24］李浩.小区园林景观设计探讨［J］.建筑工程技术与设计,2016(4):1523.

［25］黄磊,张佳奇.室内设计手绘效果图表现技法教学研究［J］.艺术科技,2018,31
　　　(7):33.

［26］幸凯仪.房屋结构形式的对比［J］.建筑工程技术与设计,2015(23):575.

［27］君旺.藏式传统建筑的设计思想［J］.重庆建筑,2015(6):62-63.

［28］杨柳.探究中国古典园林石景艺术的现代意义［D］.武汉:湖北工业大学,2006.

［29］季洪亮.园林景观手绘教学方法研究［J］.潍坊工程职业学院学报,2013,26
　　　(4):90-94.

［30］陈斓文.环境艺术设计效果图透视概述［J］.产业与科技论坛,2011,10(18):188.

［31］徐崇.彩色铅笔技法在插画中的应用技巧的研究［J］.教育界:高等教育研究(下),
　　　2013(36):161-162.